The Ultimate
Soduku Challenge
(Hard Puzzles) Vol 3
BOOKS On SUDOKU EDiTiON

PUZZLE CRAZY
PUZZLES, MAZES & GAMES

Copyright 2015

All Rights reserved. No part of this book may be reproduced or used in any way or form or by any means whether electronic or mechanical, this means that you cannot record or photocopy any material ideas or tips that are provided in this book.

STRATEGIES TO SOLVE SUDOKU PUZZLES

Sudoku puzzles have become hugely popular with puzzlers, both in printed form and online and can provide hours of brain challenging fun.

Some people try to solve Sudoku puzzles simply by looking at them or by trial and error, but there are several tips that can make it easier.

The most basic of all Sudoku strategies is to look for cells on the grid that can contain only one possible number.

It is best to start with, numbers that already appear in the grid with high frequency as this leaves fewer other possible places for them to appear. Once easy singles are pencilled in, it becomes easier to look for other numbers.

A good strategy to try next is to fill in each cell with any numbers it might contain, as it can be easier to solve Sudoku puzzles with a visual overview. This can help highlight any other single numbers that can be filled in.

These hidden single numbers are often concealed by the other possible numbers in their cells, so it is important to look carefully so as not to miss anything.

Finding single numbers will go a long way to solving Sudoku puzzles, but only the simplest puzzles can be solved using just this method.

For puzzles that are more difficult, more advanced Sudoku strategies need to be used to try to reduce the number of possible candidates for each cell to a single number.

One way to do this is to look for what are often known as locked numbers. These numbers can only appear in one row or column, even if they cannot yet be pinned down to a particular cell. Once these numbers have been allocated, they can be eliminated from other cells in which they also appear.

This principle can also be applied to pairs of numbers. For example, if there are two cells in a square that contain the same two numbers, even if they also contain other numbers, then this pair provide the answer.
Even if they cannot be assigned to one cell immediately, both numbers can be eliminated from any other cells in which they appear. Again, this can help to reduce the number of possibilities. This strategy can be repeated for a set of three or even four numbers.

To solve the most fiendish puzzles, very advanced Sudoku strategies are needed.

These include the X-wing, which works on the basis that there are only two ways of placing any two numbers in four squares that create a rectangle in the puzzle.

Another, the Swordfish, takes this one-step further working with three rows where two or three numbers could be placed in cells that all lie in the same three columns.

These patterns can sometimes be hard to spot and are easier to find if all the potential candidates have been pencilled in to each cell.

Once a pattern has been established, a little trial and error may be required to decide which cell is the correct one for a particular number. Often, a sequence will need to be followed for each potential cell to discover what the knock-on effect for other cells in the pattern would be. By following each sequence and eliminating those that do not work, the right cell can eventually be worked out.

These strategies are usually only needed for the most complicated Sudoku puzzles and, in general, the simpler strategies will help to solve the majority of puzzles available.

Start Playing!

Answers To all Puzzles Begin On Page 56

#1

1	8			4				
			9					
	5				3	1		
5		9		2				1
2	3			5	9			7
		4	5			6	8	
8			6	9		4	2	

#2

6		6			4			
	8							
			7	9	1			
7				5			1	
6					2		3	
			3			6	9	8
5				4				7
			9			5		2
	4		1				6	

#3

6		9						
					4			
		1			5	3		
	3						8	
			2		1			
			9	6				
	6		3		8			7
	5		7				1	
	8	4						2

#4

2								8
	4			2		6		9
			8				4	
		4					1	
6						5		
7	3							4
	6				5			
9		8		4	2		3	
3		7		6				

#5

		6	1	9		5		
	2		6	5		3		
	8						7	
		8			4		6	
	3		8				1	
			7					5
2	7		5				4	
8					9			
		4				2		

#5

#6

7	2						3	
					6	5		
		9				7		
	5		1		8			
							4	
		7		5		9		8
						8	6	4
9		1		4				3
8							5	

#6

#7

 # 8

#9

					9			3
			7			8		6
5					1			
			5				4	
	2				6			
1		5		9			2	
			8					
3				4		1	6	7
		4		3				9

#10

			3		8			2
		9		4			3	
8	3				7			
			1		6			
9							1	6
		4	5			9		7
		7				4		
2		8	4					
5				6				8

#11

						4		1
9	4				2	8		
		1				3	6	
	5		4					
		7					3	
			9			6	8	
			3		7	9		
5					6			
		6		2		7	1	

#12

	4			3	5			8
							5	
8			1					2
7			3			5		
	9							
3		8		6	1		9	
9		7						
2								1
	8				4	2		

#13

					8			
7					2	4		1
2		1	7					
1								
4				7			8	
	9			2	1			5
8		5			9	6		7
			6					9
		2	1					

#14

	2		3			4	1	
5					1		6	8
	4							
			7	9				
							5	2
9			5		6			
	5				3		8	
		9				1		
		8				6	2	

#15

		6				7		
				8		9		
4		1			2		5	
2						8		5
		7			3			
	4		6					
	7		3				1	
6	3						2	
1						5		

#16

	9			3			5	6
7						8		
2								
	8	4	9		6			2
		2	4				3	5
	5							
5					3		6	
				8		9		
8	6			9	2			

#17

3								2
9					6			5
	9				1	4		8
					3		1	
8				6				
4	2			8		3	9	
				1				
	1		4	2			6	

#18

					3	2	8	4
2		5		7			9	
5				8	1			
		9						
	4		2		9			
	3			6				7
		8			4		5	3
		6			2	4		

#19

1					6	4		
	3		5				2	
5								9
		8		5	7			
	6				2			
					8	7		
		9			5			
		7	4				9	6
8	4		1					

#19

#20

		4	6					8
5				9				
				3			5	
	1						4	3
			1	8				
		8	5		2			1
	9		2			7		
					8	9		
				7			2	

#20

#21

	8		3					2
		1				8		
7		6	4					5
				9			5	
8	6						4	7
		8			1			
9		2		4				
	5			3	6	9		

#22

		7	1					
				7				
8	1	6					3	
4					1			5
5				8	3	9		
							6	
			4		8	3		
	2				5			
		8					7	2

16

#23

			5		7		8	2
		9	6	2		3		
		3						
				1				5
	7					8	2	3
8					5			
		2	7					
						1		
4			8				6	

#23

#24

		3	1					9
	7	9	5		6	3		
2	6				7			
	4			5				2
8		5	6		9			3
				7				
4	3		8					
9		7	4			1		

#24

#25

								4
6		2		1				
	3				2		8	
			9					
				8			1	7
	8		6				9	
5	4					6		3
8		1		7				9
9				4				

#26

2			1	3			5	4
1								8
4			2	6				
		9	6				1	2
			5			6		
	5						9	
		8			9			
			7	2				
5	7							

18

#27

	2	9	5					
4				6		5		
			3					8
		5	7		6			9
1		6	9		4			
								1
			4	7		6		
		1			5		9	
	7							2

#28

		4		6				2
	2	9				6		
				5		8		
					5		4	
	1	8					6	
		6				9	3	
	9	3						
				7				
			4	2	9			7

#29

								5
	7	2		1			8	6
3		9	7					
6		3					2	
9								
		5	8	7				
8			3					4
								7
				2	4		6	8

#30

	2		1		7			
		4				8		6
		7		5				
					4			1
9		5						
	6				2		3	
			9	2			6	
		2	8		6		4	
5								8

#31

```
1 . . | . 7 9 | . . .
. . . | 1 . . | . . .
. 8 . | . . 2 | 5 . .
------+-------+------
. . . | 4 . . | 3 7 .
5 . 7 | 8 . . | 1 . .
. . 4 | . . . | . 6 .
------+-------+------
. 2 8 | . . 5 | 6 4 .
. . . | 6 . . | . . .
. . 9 | . . 7 | . . 3
```

#32

```
. . . | . . . | 7 . 2
. . . | . . 7 | . . 8
. . . | 5 . 6 | . 3 .
------+-------+------
6 . . | 9 . . | . . .
. . . | . 4 . | . 1 9
. 2 . | . 8 3 | . . .
------+-------+------
. 4 . | . . . | . . 3
5 . . | . 1 . | . 9 .
. . 7 | . . . | . 5 .
```

#33

	3	7		5		1		
		2		6				3
	4				1			
							8	9
6			1				2	
			9		5	3		
	1					6		7
	6		8	9		4		
		5						

#34

		3		5				7
	8	1					2	5
9				4			3	
				8	1			
	9	8			3	7	4	
					5			6
6	3		2					
		9						2
	2					6	7	

#35

1			6	3				
	9							8
8		6		4				1
		9	7		2	6		
		2						5
		5	1					
				3				
	7			9		2		
	5			2		4		

#36

					1			7
	5		6			3		
	6		3				2	1
4				3				5
6					8		4	
		8			7			
				1		2	3	
	2		9			5		
7		3						9

#37

	4							
				6		7		
	7				4			5
		5	3					2
8			7	5		6		
	2	6				9		
	6	3	2		8			
					9		8	
			6					

#37

#38

		8				4	2	
4				8				
		3	1			9		
					9	3	6	
		6	8					2
7					2		9	5
3			5		6			
			9			2		
			2		8		7	6

#38

#39

		1		6				8
8				7		4		
						3		9
	1				7		2	6
	9					8		
2			8	5				
	2				3		4	
	3					9		
			5		4	6		

#40

6	1						5	
	4					7		
		5			1		8	
	7	4						
1				2		6		
3				9				7
	2	3						
	5				6	9	4	
				5				8

#41

9			8				1	
				4				2
5		4	3			7		
					6		9	
			4			5		
2	3							
	9			8				7
7			1			6	2	
		3	6					

#42

					6		1	9
	6				5		7	
		9	3					
			9	7				2
	1			8	4			
	5					1		
		5	4		9			
8			6					7
	3						6	

#43

				6		5	9	
4					5			
	2		9					7
		1	7		3			
3		5			8			
		4				2		
8			5	1				2
					9			6
					2		5	

#43

#44

			8	6			7	
		8				1		
3	9		2					8
7			6			3		
2					7	9		
	5							
9			5			7		
	1							4
		4	7		2		1	

#44

#45

				9	3			
4	1				5			
	2			4	8			7
		1						
	3		2		4	1		
		5			7	6	8	
5						2		
					1	4	5	
	8					3		

#45

#46

9	6				3			
					5			
	7	8				6		
			6				9	8
		6						2
3		1		9				
			1		4			3
		4	3		7			
5								9

#46

#47

2				5	6			1
		7					4	
			9					8
3								
	5		9		1			6
	8	6						
			4	1				
		9		6			3	
6		2						7

#48

		5				4		
	4							
		9	3	1				
		3			5		2	9
			6					
			2			3	6	
			5		7	1		
	8	6	9				5	
2				3				

#49

5				1				
				5	4			
			3		6		7	8
8	7				3		4	
	4			9		1		
					5			2
	6		2					
		3			1			6
2					7		3	

#50

		7		4		6		
					7	1	3	8
1				5	6			9
						8		5
			4		8			
2								4
9	5							1
7	4							
8		1	9			2		

Sudoku puzzle #51:

5					3	9		
2	6			4			7	
	7		5					1
				6		4		
	8		2				6	
			1					
		3						7
	9	7				1		
				1	9			5

#51

Sudoku puzzle #52:

			5					7
	7		3	1	2			
		2						
						7	5	
			2		9		6	
			3					1
7			9			2		3
		5			4			6
4	6							8

#52

31

#53

				5			6	
	4	7					5	
		8			4	9		
1		3	4					
	9			2				
			6	1		7		
	3			4	2			
	8	2			1		7	
		6		7				8

#53

#54

			2				8	
		6	7	5	4			
			1					
	9							1
					5	8	2	6
8		3			1			7
9							6	
	4				9			
3	2	1					7	9

#54

#55

		1	7					9
			8	3				
	3			4				
							9	2
	6							7
	7			6			1	5
	8	2			7	5	4	
		6			4			
		5				9	2	3

#56

		2		4	9		1	5
	8							
4		5						
6								9
			2					
		7		9	3	8		6
							5	2
1				7	5		3	
		9		3		7		

33

#57

	4	2			6			
	7			8			1	
			7		9		2	
4		7	1			3		
							7	
	6					5		
5			9		2			6
		3		7			8	5

#58

				9			2	
			6		5			
1	4					7		5
7				5		4		
5					1			
	2			4			5	
		7			6			
8			2				6	
						1		9

#59

3			6		1		9	
			3	4	5		6	7
			9				4	
			5	2	9			1
		4			3	6	2	
2	4			9			8	
		8				1		
	7			8				

#60

				4		9	8	
9	7		3					
	2	1						
	3		7	6			2	
		7				5		
						3		
	5			7		4		
		6						1
			3	6		9		

#61

4								
	7						3	
					2	9		6
8					9		1	2
		5		2			4	
6			3					5
					6	4		
7						8		
			9	1			5	

#62

4								
	5			1			6	9
3								5
2		8						7
9							8	
	3		4					
		9					3	6
	4		7		3		1	
	1		2					

36

#63

		9	1	5		2		
							7	
6		2		9		1		
		7						
8			5	2			3	
		5	4	3				
	5				9			
7					4			
2				7			8	6

#64

9						4	7	
1							2	3
4	8					7		1
5				8				
	7		1	9				5
				5			1	6
				7	1	9		
		6			8		4	

#65

	8	9			4			5
6				3		8		
	3	4		7				
			7			6		
1	9			8		7		
		2						9
			2	4			1	3
		5						
				5	8		4	

#65

#66

			1			4	3	
5	3			6		2		
					5			
	6	8		1		9		
					2			1
			4	5				
		2				1		8
7	4							
		5					6	4

#66

38

#67

		2					8	
	4			6			3	
				4	5			
						5		2
				3	4			
	6		1		9			
					7	4		
5	1					6		
	3			8				9

#68

	8			9				
				6				4
5		1		7	2			3
					5	2	7	1
							4	
		3				6		
	6	5					1	
			2	3	5			
		8		7				

#69

2	7					5		
	5		8		9	1		
		3					8	
				4	9			1
			6		8		4	2
4				1				
6		5			2			4
			7			8	5	

#70

5		2		3			9	
					5	3		
		4						
3				8			2	
6		9		2				
				7				8
	2	7		1		4		
	6		3					9
					2		8	

40

#71

	1		2	9				
		3	7		5			
		6			9		7	
4								1
2		7			6	3		8
					4	8		
5							3	
3	2	1		8		6	5	

#72

9					7			
						8	3	
	5				1	2		9
		5	2		6			
	3			4			7	
2	8							
						6		
4	1		5			3		
				9			4	

#73

		8						
1	3							
6	7	5					3	
	5		2					9
7		1		3				4
			7	4				
			3	7			8	
						9	2	
	4		8	5			6	

#74

			8		6	3		
		6			2	9	7	
2				7				4
		9					1	2
					3	4		
			1			8		
4			9				3	
	9	7		5				1
			4					

#75

					2	4	7	
				1		5		
3	8			6				
5			2			1		
	9				1			6
		6		7				
			9		5		1	
2							5	7
		4						

#75

#76

		8				7	9	
				6				
1		3				5		
	9	5						2
			1					
			4		6		5	
								5
		9	8	7				
	7		9	2	3		1	

#76

#77

				6	9			
	7					6		
4				1	3			
8				3	4			
1						9		5
		5					6	4
							7	
					8	4	5	3
	9		2					

#78

			4		5		7	
	3	6		9			5	4
2						8		
						6	3	
		7						2
		5	3	2				
4		2			9			
	8			1	3			
					6		8	

#79

								7
			4	2				5
		8		1		2	3	
		9	5					4
		7				8		
	1				3		7	
					4			2
4	5		6					
					7		1	

#80

			3		2			
						8	6	
	8	1						2
1		2		5				
				6	4			3
	6	7						9
			1	5	3			
			7				9	
2	5				3			4

45

#81

1			4		8			
3		6			7			
	8					2		
2			9				6	
		9		4				8
6						4	1	
			5				9	
		3			1			6
9				6		7	3	

#82

				4		9	5	1
			7					
1			3	5		4		6
						8		9
8	6	9		3				4
		7				3		
	3				2		4	5
	9	4						2

#83

					9			
3	4		2				6	
		6		3		9	1	2
	1			5				
				6			2	9
4			3					
1	6			8		3		7
		7						
5	3							

#84

			2	1	6			
		8					3	
						7		
4					5			
		3			7			4
			3			1	5	
		1			4		7	
			9		3	2		5
8							9	3

#85

5	4		8					7
7		9						
			6					
	7					2	3	1
6		4						5
					5	8		
		1		3		5		
4					6		1	
	3	6		8				

#86

				2	4		1	
		7			9	3		
5		8				6		4
			8				6	
	6	1	4					
		3	7			1		
	3			6	5			
			2					
			9			5		

48

#87

4					3		6	1
		2				5	3	
7				8				
					4			
	7				9			
6		9		5				
				6			5	
						6	2	
1	6					4		8

#88

2						3	4	
		5	4		6			
					5	8		
8					3			7
	3			4				
				5				6
3	1	6	8	2				
9		8		7				

#89

		4		6				
3	8							9
		5				4		
		1				7		
6	4		3					1
5			7			8		
4	7	8					1	
	3		8				9	
				2	7			

#90

8	1		6					
			8	3				4
		2						
		3					8	
		7		4		6	5	
				5		4		
9	3		4		6			
				9	2	1		
	5	8	3					

#91

6			9					
5	9	1		6		8		
		7		3	2			
	3					5	9	2
	5					4		
					3			
	1							5
2			6		4	1		

#92

	1			8		9		
							1	
			4				2	7
		3	2				7	
6		2	5		3			
		1	9	3	6			
			3					
5		8	1				9	
				9	7	5		

#93

	9		8	6				
7							4	
2		8				9	5	6
	4	5			9			3
		7				4	2	
6			3					
4				8				
3			4			2	9	5
			9					

#94

	9				4		1	
		8			1		3	
			9	2				
2			8					3
							5	
		7	3	1				
			4					9
8		3					4	5
7			2					8

#95

		9			6			8
				1				2
6	7	2					9	
	4		5				7	
	5				3	2		
		6				3		4
5	6			3	4			9
9								7
							4	

#95

#96

		8					5	
9			3					7
		1		7				4
1					8			
	4	5					6	3
7			6		5			
		7	5	1				
5			7	9	2		8	

#96

#97

						1		
		2		7			3	
				1				6
8			6			4		
		5				3		2
			7	8				9
5			2					
	4			3		6	2	
	9		4			7		

#98

					1	9		
	7			4				6
			2		3			
					5	1		
		4		3				
						2	8	4
	1			8				9
5		3				7		
7					9			2

#99

	2			4	7			
5		6			2		7	
		9	8					
	8	3						
								9
		7	2		9			5
	9		4			8		
					5			
	7	8	9			4		2

#99

#100

	8							
7		2	8					
	3	4		1				
	5			2	1			7
8								4
			6					
6			3		4	2		
3		9					4	
	2				9	8		1

#100

Answers

1

1	8	7	2	4	5	9	3	6
3	4	6	9	7	1	2	5	8
9	5	2	8	6	3	1	7	4
5	6	9	7	2	8	3	4	1
2	3	1	4	5	9	8	6	7
4	7	8	1	3	6	5	9	2
7	9	4	5	1	2	6	8	3
8	1	3	6	9	7	4	2	5
6	2	5	3	8	4	7	1	9

2

9	7	6	8	2	4	3	5	1
2	8	1	5	6	3	4	7	9
3	5	4	7	9	1	8	2	6
7	3	8	6	5	9	2	1	4
6	1	9	4	8	2	7	3	5
4	2	5	3	1	7	6	9	8
5	9	3	2	4	6	1	8	7
1	6	7	9	3	8	5	4	2
8	4	2	1	7	5	9	6	3

6	4	9	1	3	2	7	5	8
3	7	5	8	9	4	1	2	6
8	2	1	6	7	5	3	4	9
2	3	6	4	5	7	9	8	1
5	9	7	2	8	1	4	6	3
4	1	8	9	6	3	2	7	5
1	6	2	3	4	8	5	9	7
9	5	3	7	2	6	8	1	4
7	8	4	5	1	9	6	3	2

3

2	7	3	6	9	4	1	5	8
8	4	5	3	2	1	6	7	9
1	9	6	8	5	7	3	4	2
5	8	4	2	7	6	9	1	3
6	2	9	4	1	3	5	8	7
7	3	1	5	8	9	2	6	4
4	6	2	7	3	5	8	9	1
9	5	8	1	4	2	7	3	6
3	1	7	9	6	8	4	2	5

4

Puzzle 5

3	4	6	1	9	7	5	8	2
1	2	7	6	5	8	3	9	4
9	8	5	4	3	2	1	7	6
5	1	8	9	2	4	7	6	3
7	3	2	8	6	5	4	1	9
4	6	9	7	1	3	8	2	5
2	7	3	5	8	6	9	4	1
8	5	1	2	4	9	6	3	7
6	9	4	3	7	1	2	5	8

5

Puzzle 6

7	2	6	5	8	9	4	3	1
4	8	3	7	1	6	5	9	2
5	1	9	4	3	2	7	8	6
6	5	4	1	9	8	3	2	7
1	9	8	2	7	3	6	4	5
2	3	7	6	5	4	9	1	8
3	7	5	9	2	1	8	6	4
9	6	1	8	4	5	2	7	3
8	4	2	3	6	7	1	5	9

6

7

3	9	6	5	8	4	2	7	1
2	7	4	9	1	3	8	5	6
8	1	5	6	2	7	4	9	3
6	4	3	7	9	8	5	1	2
9	8	2	1	6	5	3	4	7
1	5	7	4	3	2	9	6	8
7	3	1	8	4	9	6	2	5
5	2	9	3	7	6	1	8	4
4	6	8	2	5	1	7	3	9

8

6	1	7	5	4	2	3	8	9
5	3	9	6	8	7	1	4	2
8	4	2	1	3	9	5	6	7
1	2	3	9	5	8	6	7	4
4	7	5	2	6	3	8	9	1
9	8	6	7	1	4	2	3	5
3	9	8	4	2	1	7	5	6
7	6	1	3	9	5	4	2	8
2	5	4	8	7	6	9	1	3

9

8	7	1	2	6	9	4	5	3
2	9	3	7	5	4	8	1	6
5	4	6	3	8	1	9	7	2
9	3	7	5	2	8	6	4	1
4	2	8	1	7	6	3	9	5
1	6	5	4	9	3	7	2	8
6	5	9	8	1	7	2	3	4
3	8	2	9	4	5	1	6	7
7	1	4	6	3	2	5	8	9

10

4	5	6	3	1	8	7	9	2
1	7	9	6	4	2	8	3	5
8	3	2	9	5	7	1	6	4
7	8	5	1	9	6	2	4	3
9	2	3	8	7	4	5	1	6
6	1	4	5	2	3	9	8	7
3	6	7	2	8	1	4	5	9
2	9	8	4	3	5	6	7	1
5	4	1	7	6	9	3	2	8

7	6	5	8	9	3	4	2	1
9	4	3	6	1	2	8	7	5
2	8	1	7	5	4	3	6	9
6	5	2	4	3	8	1	9	7
8	9	7	2	6	1	5	3	4
3	1	4	9	7	5	6	8	2
1	2	8	3	4	7	9	5	6
5	7	9	1	8	6	2	4	3
4	3	6	5	2	9	7	1	8

11

6	4	2	7	3	5	9	1	8
1	3	9	4	8	2	6	5	7
8	7	5	1	9	6	3	4	2
7	2	1	3	4	9	5	8	6
4	9	6	5	7	8	1	2	3
3	5	8	2	6	1	7	9	4
9	1	7	8	2	3	4	6	5
2	6	4	9	5	7	8	3	1
5	8	3	6	1	4	2	7	9

12

13

5	4	9	3	1	8	7	2	6
7	8	6	5	9	2	4	3	1
2	3	1	7	6	4	5	9	8
1	2	7	8	5	3	9	6	4
4	5	3	9	7	6	1	8	2
6	9	8	4	2	1	3	7	5
8	1	5	2	3	9	6	4	7
3	7	4	6	8	5	2	1	9
9	6	2	1	4	7	8	5	3

14

8	2	6	3	5	9	4	1	7
5	9	3	4	7	1	2	6	8
7	4	1	8	6	2	5	9	3
2	1	5	7	9	8	3	4	6
6	8	7	1	3	4	9	5	2
9	3	4	5	2	6	8	7	1
1	5	2	6	4	3	7	8	9
4	6	9	2	8	7	1	3	5
3	7	8	9	1	5	6	2	4

9	5	6	4	3	1	7	8	2
7	2	3	5	8	6	9	4	1
4	8	1	9	7	2	3	5	6
2	6	9	1	4	7	8	3	5
5	1	7	8	9	3	2	6	4
3	4	8	6	2	5	1	9	7
8	7	2	3	5	4	6	1	9
6	3	5	7	1	9	4	2	8
1	9	4	2	6	8	5	7	3

15

1	9	8	2	3	4	7	5	6
7	3	6	5	1	9	8	2	4
2	4	5	8	6	7	3	9	1
3	8	4	9	5	6	1	7	2
9	1	2	4	7	8	6	3	5
6	5	7	3	2	1	4	8	9
5	7	9	1	4	3	2	6	8
4	2	3	6	8	5	9	1	7
8	6	1	7	9	2	5	4	3

16

17

3	6	5	1	4	8	9	7	2
1	7	8	9	5	2	6	4	3
9	4	2	7	3	6	1	8	5
2	9	6	5	7	1	4	3	8
7	5	4	8	9	3	2	1	6
8	3	1	2	6	4	7	5	9
4	2	7	6	8	5	3	9	1
6	8	9	3	1	7	5	2	4
5	1	3	4	2	9	8	6	7

18

3	9	4	1	2	8	7	6	5
1	6	7	5	9	3	2	8	4
2	8	5	4	7	6	3	9	1
5	7	2	3	8	1	9	4	6
8	1	9	6	4	7	5	3	2
6	4	3	2	5	9	1	7	8
4	3	1	9	6	5	8	2	7
9	2	8	7	1	4	6	5	3
7	5	6	8	3	2	4	1	9

19

1	7	2	8	9	6	4	3	5
9	3	6	5	7	4	8	2	1
5	8	4	2	3	1	6	7	9
3	2	8	6	5	7	9	1	4
7	6	1	9	4	2	5	8	3
4	9	5	3	1	8	7	6	2
6	1	9	7	2	5	3	4	8
2	5	7	4	8	3	1	9	6
8	4	3	1	6	9	2	5	7

20

9	7	4	6	2	5	1	3	8
5	8	3	4	9	1	2	6	7
1	6	2	8	3	7	4	5	9
2	1	5	7	6	9	8	4	3
6	4	9	1	8	3	5	7	2
7	3	8	5	4	2	6	9	1
3	9	6	2	1	4	7	8	5
4	2	7	3	5	8	9	1	6
8	5	1	9	7	6	3	2	4

4	8	5	3	1	9	7	6	2
3	2	1	5	6	7	8	9	4
7	9	6	4	8	2	1	3	5
2	4	7	8	9	3	6	5	1
5	1	3	6	7	4	2	8	9
8	6	9	1	2	5	3	4	7
6	7	8	9	5	1	4	2	3
9	3	2	7	4	8	5	1	6
1	5	4	2	3	6	9	7	8

21

9	5	7	1	3	4	6	2	8
2	3	4	8	7	6	1	5	9
8	1	6	9	5	2	4	3	7
4	6	3	2	9	1	7	8	5
5	7	2	6	8	3	9	4	1
1	8	9	5	4	7	2	6	3
7	9	5	4	2	8	3	1	6
3	2	1	7	6	5	8	9	4
6	4	8	3	1	9	5	7	2

22

6	4	1	5	3	7	9	8	2
5	8	9	6	2	4	3	1	7
7	2	3	1	8	9	4	5	6
2	9	6	3	1	8	7	4	5
1	7	5	4	9	6	8	2	3
8	3	4	2	7	5	6	9	1
9	6	2	7	4	1	5	3	8
3	5	8	9	6	2	1	7	4
4	1	7	8	5	3	2	6	9

23

5	8	3	1	2	4	6	7	9
1	7	9	5	8	6	3	2	4
2	6	4	3	9	7	5	8	1
7	9	1	2	3	8	4	5	6
3	4	6	7	5	1	8	9	2
8	2	5	6	4	9	7	1	3
6	1	8	9	7	3	2	4	5
4	3	2	8	1	5	9	6	7
9	5	7	4	6	2	1	3	8

24

1	5	8	7	3	9	2	6	4
6	7	2	8	1	4	9	3	5
4	3	9	5	6	2	7	8	1
3	1	5	9	2	7	8	4	6
2	9	6	4	8	3	5	1	7
7	8	4	6	5	1	3	9	2
5	4	7	1	9	8	6	2	3
8	2	1	3	7	6	4	5	9
9	6	3	2	4	5	1	7	8

25

2	8	6	1	3	7	9	5	4
1	3	7	9	4	5	2	6	8
4	9	5	2	6	8	3	7	1
8	4	9	6	7	3	5	1	2
7	2	1	5	9	4	6	8	3
6	5	3	8	1	2	4	9	7
3	1	8	4	5	9	7	2	6
9	6	4	7	2	1	8	3	5
5	7	2	3	8	6	1	4	9

26

3	2	9	5	8	7	1	4	6
4	1	8	2	6	9	5	3	7
5	6	7	3	4	1	9	2	8
2	4	5	7	1	6	3	8	9
1	8	6	9	3	4	2	7	5
7	9	3	8	5	2	4	6	1
9	5	2	4	7	8	6	1	3
8	3	1	6	2	5	7	9	4
6	7	4	1	9	3	8	5	2

27

3	5	4	9	6	8	1	7	2
8	2	9	1	3	7	6	5	4
1	6	7	2	5	4	8	9	3
9	3	2	6	1	5	7	4	8
4	1	8	7	9	3	2	6	5
5	7	6	8	4	2	9	3	1
7	9	3	5	8	1	4	2	6
2	4	1	3	7	6	5	8	9
6	8	5	4	2	9	3	1	7

28

1	6	8	4	9	2	3	7	5
4	7	2	5	1	3	9	8	6
3	5	9	7	6	8	4	1	2
6	8	3	1	4	5	7	2	9
9	4	7	2	3	6	8	5	1
2	1	5	8	7	9	6	4	3
8	2	6	3	5	7	1	9	4
5	9	4	6	8	1	2	3	7
7	3	1	9	2	4	5	6	8

29

8	2	9	1	6	7	4	5	3
1	5	4	2	3	9	8	7	6
6	3	7	4	5	8	9	1	2
2	7	3	6	9	4	5	8	1
9	8	5	3	7	1	6	2	4
4	6	1	5	8	2	7	3	9
3	4	8	9	2	5	1	6	7
7	9	2	8	1	6	3	4	5
5	1	6	7	4	3	2	9	8

30

1	4	5	6	7	9	8	3	2
2	7	3	1	5	8	4	9	6
9	8	6	4	3	2	5	1	7
6	9	2	5	4	1	3	7	8
5	3	7	9	8	6	1	2	4
8	1	4	7	2	3	9	6	5
7	2	8	3	9	5	6	4	1
3	5	1	2	6	4	7	8	9
4	6	9	8	1	7	2	5	3

31

3	5	6	8	9	1	7	4	2
2	9	1	4	3	7	5	6	8
4	7	8	5	2	6	9	3	1
6	1	4	9	7	2	3	8	5
7	8	3	6	4	5	2	1	9
9	2	5	1	8	3	4	7	6
1	4	9	7	5	8	6	2	3
5	6	2	3	1	4	8	9	7
8	3	7	2	6	9	1	5	4

32

33

8	3	7	2	5	9	1	4	6
1	9	2	7	6	4	8	5	3
5	4	6	3	8	1	9	7	2
3	2	1	4	7	6	5	8	9
6	5	9	1	3	8	7	2	4
7	8	4	9	2	5	3	6	1
9	1	8	5	4	2	6	3	7
2	6	3	8	9	7	4	1	5
4	7	5	6	1	3	2	9	8

34

2	4	3	1	5	8	9	6	7
7	8	1	3	9	6	4	2	5
9	5	6	7	4	2	1	3	8
4	6	7	9	8	1	2	5	3
5	9	8	6	2	3	7	4	1
3	1	2	4	7	5	8	9	6
6	3	4	2	1	7	5	8	9
8	7	9	5	6	4	3	1	2
1	2	5	8	3	9	6	7	4

1	2	7	6	3	8	5	4	9
5	9	4	2	7	1	3	6	8
8	3	6	9	4	5	2	7	1
3	1	9	7	5	2	6	8	4
7	4	2	3	8	6	1	9	5
6	8	5	1	9	4	7	3	2
2	6	8	4	1	3	9	5	7
4	7	1	5	6	9	8	2	3
9	5	3	8	2	7	4	1	6

35

3	4	9	8	2	1	6	5	7
2	5	1	6	7	9	3	8	4
8	6	7	3	4	5	9	2	1
4	7	2	1	3	6	8	9	5
6	1	5	2	9	8	7	4	3
9	3	8	4	5	7	1	6	2
5	9	6	7	1	4	2	3	8
1	2	4	9	8	3	5	7	6
7	8	3	5	6	2	4	1	9

36

6	4	2	5	1	7	3	9	8
5	9	1	8	6	3	7	2	4
3	7	8	9	2	4	1	6	5
4	1	5	3	9	6	8	7	2
8	3	9	7	5	2	6	4	1
7	2	6	4	8	1	9	5	3
9	6	3	2	4	8	5	1	7
2	5	7	1	3	9	4	8	6
1	8	4	6	7	5	2	3	9

37

5	1	8	6	9	7	4	2	3
4	9	2	3	8	5	6	1	7
6	7	3	1	2	4	9	5	8
2	8	4	7	5	9	3	6	1
9	5	6	8	1	3	7	4	2
7	3	1	4	6	2	8	9	5
3	2	7	5	4	6	1	8	9
8	6	5	9	7	1	2	3	4
1	4	9	2	3	8	5	7	6

38

39

9	4	1	3	6	5	2	7	8
8	5	3	2	7	9	4	6	1
6	7	2	1	4	8	3	5	9
3	1	8	4	9	7	5	2	6
5	9	7	6	3	2	8	1	4
2	6	4	8	5	1	7	9	3
7	2	6	9	8	3	1	4	5
4	3	5	7	1	6	9	8	2
1	8	9	5	2	4	6	3	7

40

6	1	7	8	4	2	3	5	9
2	4	8	3	5	9	7	6	1
9	3	5	6	7	1	2	8	4
5	7	4	1	6	3	8	9	2
1	8	9	4	2	7	6	3	5
3	6	2	5	9	8	4	1	7
8	2	3	9	1	4	5	7	6
7	5	1	2	8	6	9	4	3
4	9	6	7	3	5	1	2	8

41

9	7	2	8	6	5	3	1	4
3	1	6	9	4	7	8	5	2
5	8	4	3	2	1	7	6	9
4	5	1	7	3	6	2	9	8
8	6	7	4	9	2	5	3	1
2	3	9	5	1	8	4	7	6
6	9	5	2	8	3	1	4	7
7	4	8	1	5	9	6	2	3
1	2	3	6	7	4	9	8	5

42

5	2	7	8	4	6	3	1	9
4	6	3	1	9	5	2	7	8
1	8	9	3	2	7	6	4	5
3	4	6	9	7	1	5	8	2
9	1	2	5	8	4	7	3	6
7	5	8	2	6	3	1	9	4
6	7	5	4	1	9	8	2	3
8	9	1	6	3	2	4	5	7
2	3	4	7	5	8	9	6	1

1	3	8	2	6	7	5	9	4
4	9	7	1	3	5	6	2	8
5	2	6	9	8	4	3	1	7
2	6	1	7	9	3	8	4	5
3	7	5	4	2	8	9	6	1
9	8	4	6	5	1	2	7	3
8	4	9	5	1	6	7	3	2
7	5	2	3	4	9	1	8	6
6	1	3	8	7	2	4	5	9

43

4	2	1	8	6	3	5	7	9
6	7	8	9	4	5	1	3	2
3	9	5	2	7	1	4	6	8
7	4	9	6	2	8	3	5	1
2	8	3	1	5	7	9	4	6
1	5	6	4	3	9	8	2	7
9	6	2	5	1	4	7	8	3
5	1	7	3	8	6	2	9	4
8	3	4	7	9	2	6	1	5

44

7	5	6	1	9	3	8	2	4
4	1	8	7	2	5	9	3	6
3	2	9	6	4	8	5	1	7
2	6	1	8	5	9	7	4	3
8	3	7	2	6	4	1	9	5
9	4	5	3	1	7	6	8	2
5	9	3	4	8	6	2	7	1
6	7	2	9	3	1	4	5	8
1	8	4	5	7	2	3	6	9

45

9	6	5	1	8	3	2	4	7
2	4	3	6	7	5	9	8	1
1	7	8	9	4	2	6	3	5
4	5	2	7	6	1	3	9	8
7	9	6	8	3	4	1	5	2
3	8	1	2	5	9	7	6	4
6	2	9	5	1	8	4	7	3
8	1	4	3	9	7	5	2	6
5	3	7	4	2	6	8	1	9

46

2	4	8	3	5	6	7	9	1
5	9	7	1	2	8	6	4	3
1	6	3	7	9	4	2	5	8
3	2	1	6	4	5	8	7	9
7	5	4	9	8	1	3	2	6
9	8	6	2	7	3	5	1	4
8	3	5	4	1	7	9	6	2
4	7	9	8	6	2	1	3	5
6	1	2	5	3	9	4	8	7

47

7	6	5	8	2	9	4	3	1
3	4	1	7	5	6	2	9	8
8	2	9	3	1	4	6	7	5
6	1	3	4	7	5	8	2	9
4	9	2	6	8	3	5	1	7
5	7	8	2	9	1	3	6	4
9	3	4	5	6	7	1	8	2
1	8	6	9	4	2	7	5	3
2	5	7	1	3	8	9	4	6

48

5	3	6	7	1	8	2	9	4
7	2	8	9	5	4	6	1	3
1	9	4	3	2	6	5	7	8
8	7	2	1	6	3	9	4	5
3	4	5	8	9	2	1	6	7
6	1	9	4	7	5	3	8	2
4	6	7	2	3	9	8	5	1
9	8	3	5	4	1	7	2	6
2	5	1	6	8	7	4	3	9

49

3	9	7	8	4	1	6	5	2
5	6	4	2	9	7	1	3	8
1	2	8	3	5	6	4	7	9
4	7	9	6	3	2	8	1	5
6	1	5	4	7	8	9	2	3
2	8	3	5	1	9	7	6	4
9	5	6	7	2	4	3	8	1
7	4	2	1	8	3	5	9	6
8	3	1	9	6	5	2	4	7

50

5	1	8	6	7	3	9	2	4
2	6	9	8	4	1	5	7	3
3	7	4	5	9	2	6	8	1
7	3	5	9	6	8	4	1	2
4	8	1	2	5	7	3	6	9
9	2	6	1	3	4	7	5	8
1	5	3	4	8	6	2	9	7
8	9	7	3	2	5	1	4	6
6	4	2	7	1	9	8	3	5

51

9	3	1	5	4	8	6	2	7
5	7	6	3	1	2	4	8	9
8	4	2	9	6	7	1	3	5
6	9	3	4	8	1	7	5	2
1	8	7	2	5	9	3	6	4
2	5	4	7	3	6	8	9	1
7	1	8	6	9	5	2	4	3
3	2	5	8	7	4	9	1	6
4	6	9	1	2	3	5	7	8

52

3	1	9	2	5	7	8	6	4
2	4	7	9	8	6	3	5	1
5	6	8	1	3	4	9	2	7
1	7	3	4	9	5	6	8	2
6	9	4	7	2	8	1	3	5
8	2	5	6	1	3	7	4	9
7	3	1	8	4	2	5	9	6
9	8	2	5	6	1	4	7	3
4	5	6	3	7	9	2	1	8

53

1	3	4	2	9	6	7	8	5
2	8	6	7	5	4	1	9	3
7	5	9	1	8	3	6	4	2
5	9	2	8	6	7	4	3	1
4	1	7	9	3	5	8	2	6
8	6	3	4	2	1	9	5	7
9	7	8	5	1	2	3	6	4
6	4	5	3	7	9	2	1	8
3	2	1	6	4	8	5	7	9

54

4	2	1	7	5	6	3	8	9
9	5	7	8	3	1	2	6	4
6	3	8	2	4	9	7	5	1
8	1	3	4	7	5	6	9	2
5	6	9	1	8	2	4	3	7
2	7	4	9	6	3	8	1	5
1	8	2	3	9	7	5	4	6
3	9	6	5	2	4	1	7	8
7	4	5	6	1	8	9	2	3

55

7	6	2	8	4	9	3	1	5
9	8	3	5	2	1	4	6	7
4	1	5	3	6	7	2	9	8
6	3	1	7	8	4	5	2	9
8	9	4	2	5	6	1	7	3
2	5	7	1	9	3	8	4	6
3	7	6	4	1	8	9	5	2
1	2	8	9	7	5	6	3	4
5	4	9	6	3	2	7	8	1

56

8	4	2	3	1	6	9	5	7
9	7	5	2	8	4	6	1	3
1	3	6	7	5	9	4	2	8
4	8	7	1	9	5	3	6	2
2	5	9	6	4	3	8	7	1
3	6	1	8	2	7	5	9	4
5	1	8	9	3	2	7	4	6
7	2	4	5	6	8	1	3	9
6	9	3	4	7	1	2	8	5

57

3	5	8	4	9	7	6	2	1
9	7	2	6	1	5	8	4	3
1	4	6	3	2	8	7	9	5
7	3	9	8	5	2	4	1	6
5	8	4	9	6	1	2	3	7
6	2	1	7	4	3	9	5	8
4	9	7	1	3	6	5	8	2
8	1	5	2	7	9	3	6	4
2	6	3	5	8	4	1	7	9

58

59

3	2	5	6	7	1	8	9	4
4	6	7	8	2	9	5	1	3
8	1	9	3	4	5	2	6	7
1	3	2	9	6	8	7	4	5
7	8	6	4	5	2	9	3	1
5	9	4	7	1	3	6	2	8
2	4	1	5	9	7	3	8	6
6	5	8	2	3	4	1	7	9
9	7	3	1	8	6	4	5	2

60

5	6	3	1	4	7	9	8	2
9	7	8	3	5	2	6	1	4
4	2	1	6	8	9	7	5	3
8	3	5	7	6	4	1	2	9
1	4	7	9	2	3	5	6	8
6	9	2	5	1	8	3	4	7
2	5	9	8	7	1	4	3	6
3	8	6	4	9	5	2	7	1
7	1	4	2	3	6	8	9	5

4	6	3	1	9	7	5	2	8
9	7	2	6	8	5	1	3	4
5	1	8	4	3	2	9	7	6
8	4	7	5	6	9	3	1	2
1	3	5	7	2	8	6	4	9
6	2	9	3	4	1	7	8	5
2	5	1	8	7	6	4	9	3
7	9	4	2	5	3	8	6	1
3	8	6	9	1	4	2	5	7

61

1	9	7	5	2	6	8	4	3
4	5	2	3	1	8	7	6	9
3	8	6	9	7	4	1	2	5
2	6	8	1	3	9	4	5	7
9	7	4	6	5	2	3	8	1
5	3	1	4	8	7	6	9	2
7	2	9	8	4	1	5	3	6
6	4	5	7	9	3	2	1	8
8	1	3	2	6	5	9	7	4

62

63

4	7	9	1	5	8	2	6	3
5	1	3	6	4	2	8	7	9
6	8	2	7	9	3	1	5	4
1	3	7	9	8	6	5	4	2
8	4	6	5	2	1	9	3	7
9	2	5	4	3	7	6	1	8
3	5	4	8	6	9	7	2	1
7	6	8	2	1	4	3	9	5
2	9	1	3	7	5	4	8	6

64

9	6	3	2	1	5	4	7	8
8	2	4	3	6	7	1	5	9
1	5	7	8	4	9	6	2	3
4	8	9	5	2	3	7	6	1
5	3	1	7	8	6	2	9	4
6	7	2	1	9	4	8	3	5
7	9	8	4	5	2	3	1	6
3	4	5	6	7	1	9	8	2
2	1	6	9	3	8	5	4	7

65

2	8	9	1	6	4	3	7	5
6	1	7	9	3	5	8	2	4
5	3	4	8	7	2	1	9	6
4	5	3	7	2	9	6	8	1
1	9	6	4	8	3	7	5	2
8	7	2	5	1	6	4	3	9
9	6	8	2	4	7	5	1	3
7	4	5	3	9	1	2	6	8
3	2	1	6	5	8	9	4	7

66

9	8	6	1	2	7	4	3	5
5	3	4	9	6	8	2	1	7
2	7	1	3	4	5	8	9	6
4	6	8	7	1	3	9	5	2
3	5	7	8	9	2	6	4	1
1	2	9	4	5	6	7	8	3
6	9	2	5	3	4	1	7	8
7	4	3	6	8	1	5	2	9
8	1	5	2	7	9	3	6	4

6	5	2	3	9	1	7	8	4
7	4	1	8	6	2	9	3	5
9	8	3	7	4	5	2	6	1
3	9	4	6	7	8	5	1	2
1	7	5	2	3	4	8	9	6
2	6	8	1	5	9	3	4	7
8	2	6	9	1	7	4	5	3
5	1	9	4	2	3	6	7	8
4	3	7	5	8	6	1	2	9

67

6	8	2	3	9	4	1	5	7
7	3	9	5	1	6	8	2	4
5	4	1	8	7	2	9	6	3
8	9	6	4	3	5	2	7	1
1	5	7	2	6	9	3	4	8
4	2	3	7	8	1	6	9	5
3	6	5	9	4	8	7	1	2
9	7	4	1	2	3	5	8	6
2	1	8	6	5	7	4	3	9

68

2	7	1	4	6	3	5	9	8
9	6	8	1	5	7	4	2	3
3	5	4	8	2	9	1	6	7
7	4	3	2	9	1	6	8	5
8	2	6	5	3	4	9	7	1
5	1	9	6	7	8	3	4	2
4	8	7	9	1	5	2	3	6
6	9	5	3	8	2	7	1	4
1	3	2	7	4	6	8	5	9

69

5	1	2	8	3	7	6	9	4
8	9	6	2	4	5	3	1	7
7	3	4	1	6	9	8	5	2
3	7	5	4	8	6	9	2	1
6	8	9	5	2	1	7	4	3
2	4	1	9	7	3	5	6	8
9	2	7	6	1	8	4	3	5
1	6	8	3	5	4	2	7	9
4	5	3	7	9	2	1	8	6

70

71

6	1	5	2	9	8	7	4	3
8	4	3	7	6	5	1	2	9
9	7	2	4	3	1	5	8	6
1	3	6	8	2	9	4	7	5
4	9	8	5	7	3	2	6	1
2	5	7	1	4	6	3	9	8
7	6	9	3	5	4	8	1	2
5	8	4	6	1	2	9	3	7
3	2	1	9	8	7	6	5	4

72

9	6	8	3	2	7	1	5	4
1	4	2	9	6	5	8	3	7
3	5	7	4	8	1	2	6	9
7	9	5	2	1	6	4	8	3
6	3	1	8	4	9	5	7	2
2	8	4	7	5	3	9	1	6
8	7	9	1	3	4	6	2	5
4	1	6	5	7	2	3	9	8
5	2	3	6	9	8	7	4	1

73

2	9	8	5	1	3	7	4	6
1	3	4	6	2	7	5	9	8
6	7	5	4	9	8	2	3	1
4	5	3	2	8	1	6	7	9
7	2	1	9	3	6	8	5	4
8	6	9	7	4	5	3	1	2
9	1	6	3	7	2	4	8	5
5	8	7	1	6	4	9	2	3
3	4	2	8	5	9	1	6	7

74

9	7	4	8	1	6	3	2	5
1	5	6	3	4	2	9	7	8
2	8	3	5	7	9	1	6	4
5	3	9	7	8	4	6	1	2
8	6	1	2	9	3	4	5	7
7	4	2	1	6	5	8	9	3
4	1	8	9	2	7	5	3	6
3	9	7	6	5	8	2	4	1
6	2	5	4	3	1	7	8	9

6	1	5	8	9	2	4	7	3
4	2	9	7	1	3	5	6	8
3	8	7	5	6	4	2	9	1
5	7	3	2	8	6	1	4	9
8	9	2	4	5	1	7	3	6
1	4	6	3	7	9	8	2	5
7	6	8	9	2	5	3	1	4
2	3	1	6	4	8	9	5	7
9	5	4	1	3	7	6	8	2

75

2	4	8	5	3	1	7	9	6
9	5	7	2	6	8	4	3	1
1	6	3	7	4	9	5	2	8
6	9	5	3	8	7	1	4	2
7	3	4	1	5	2	6	8	9
8	2	1	4	9	6	3	5	7
3	8	2	6	1	4	9	7	5
4	1	9	8	7	5	2	6	3
5	7	6	9	2	3	8	1	4

76

2	5	1	8	6	9	3	4	7
9	7	3	4	5	2	6	1	8
4	8	6	7	1	3	5	9	2
8	6	9	5	3	4	7	2	1
1	4	2	6	8	7	9	3	5
7	3	5	9	2	1	8	6	4
5	1	8	3	4	6	2	7	9
6	2	7	1	9	8	4	5	3
3	9	4	2	7	5	1	8	6

77

8	9	1	4	3	5	2	7	6
7	3	6	8	9	2	1	5	4
2	5	4	6	7	1	8	9	3
9	2	8	1	5	4	6	3	7
3	4	7	9	6	8	5	1	2
1	6	5	3	2	7	9	4	8
4	7	2	5	8	9	3	6	1
6	8	9	7	1	3	4	2	5
5	1	3	2	4	6	7	8	9

78

79

1	2	5	3	6	8	9	4	7
3	7	6	4	2	9	1	8	5
9	4	8	7	1	5	2	3	6
8	6	9	5	7	1	3	2	4
2	3	7	9	4	6	8	5	1
5	1	4	2	8	3	6	7	9
7	8	3	1	9	4	5	6	2
4	5	1	6	3	2	7	9	8
6	9	2	8	5	7	4	1	3

80

6	7	5	3	8	2	9	4	1
3	2	4	5	9	1	8	6	7
9	8	1	6	4	7	5	3	2
1	3	2	4	5	9	7	8	6
5	9	8	2	7	6	4	1	3
4	6	7	1	3	8	2	5	9
7	4	6	9	1	5	3	2	8
8	1	3	7	2	4	6	9	5
2	5	9	8	6	3	1	7	4

81

1	9	2	4	5	8	6	7	3
3	5	6	1	2	7	9	8	4
4	8	7	6	3	9	2	5	1
2	4	8	9	1	5	3	6	7
7	1	9	3	4	6	5	2	8
6	3	5	7	8	2	4	1	9
8	6	4	5	7	3	1	9	2
5	7	3	2	9	1	8	4	6
9	2	1	8	6	4	7	3	5

82

3	7	6	2	4	8	9	5	1
9	4	5	7	1	6	2	8	3
1	8	2	3	5	9	4	7	6
7	5	1	6	2	4	8	3	9
4	2	3	9	8	1	5	6	7
8	6	9	5	3	7	1	2	4
2	1	7	4	6	5	3	9	8
6	3	8	1	9	2	7	4	5
5	9	4	8	7	3	6	1	2

2	8	1	6	7	9	4	5	3
3	4	9	2	1	5	7	6	8
7	5	6	8	3	4	9	1	2
6	1	2	9	5	7	8	3	4
8	7	3	4	6	1	5	2	9
4	9	5	3	2	8	1	7	6
1	6	4	5	8	2	3	9	7
9	2	7	1	4	3	6	8	5
5	3	8	7	9	6	2	4	1

83

7	3	9	2	1	6	5	4	8
2	4	8	7	5	9	6	3	1
1	6	5	4	3	8	7	2	9
4	1	7	8	9	5	3	6	2
5	2	3	1	6	7	9	8	4
9	8	6	3	4	2	1	5	7
3	9	1	5	2	4	8	7	6
6	7	4	9	8	3	2	1	5
8	5	2	6	7	1	4	9	3

84

5	4	3	8	1	9	6	2	7
7	6	9	3	5	2	1	8	4
1	2	8	6	4	7	9	5	3
9	7	5	4	6	8	2	3	1
6	8	4	1	2	3	7	9	5
3	1	2	9	7	5	8	4	6
8	9	1	7	3	4	5	6	2
4	5	7	2	9	6	3	1	8
2	3	6	5	8	1	4	7	9

85

3	9	6	8	2	4	7	1	5
1	4	7	6	5	9	3	8	2
5	2	8	3	1	7	6	9	4
4	7	9	5	8	1	2	6	3
8	6	1	4	3	2	9	5	7
2	5	3	7	9	6	1	4	8
7	3	4	1	6	5	8	2	9
9	1	5	2	7	8	4	3	6
6	8	2	9	4	3	5	7	1

86

4	9	5	2	7	3	8	6	1
8	1	2	4	9	6	5	3	7
7	3	6	5	1	8	9	4	2
3	2	1	6	8	4	7	9	5
5	7	4	1	3	9	2	8	6
6	8	9	7	5	2	3	1	4
2	4	8	3	6	7	1	5	9
9	5	7	8	4	1	6	2	3
1	6	3	9	2	5	4	7	8

87

2	6	9	1	8	7	3	4	5
1	8	5	4	3	6	7	2	9
7	4	3	2	9	5	8	6	1
8	5	2	6	1	3	4	9	7
6	3	7	9	4	2	1	5	8
4	9	1	7	5	8	2	3	6
3	1	6	8	2	9	5	7	4
9	2	8	5	7	4	6	1	3
5	7	4	3	6	1	9	8	2

88

89

7	1	4	9	6	3	2	5	8
3	8	2	4	7	5	1	6	9
9	6	5	1	8	2	4	7	3
8	9	1	2	4	6	7	3	5
6	4	7	3	5	8	9	2	1
5	2	3	7	9	1	8	4	6
4	7	8	5	3	9	6	1	2
2	3	6	8	1	4	5	9	7
1	5	9	6	2	7	3	8	4

90

8	1	4	6	2	5	3	9	7
7	6	5	8	3	9	2	1	4
3	9	2	1	7	4	8	6	5
5	4	3	2	6	1	7	8	9
1	2	7	9	4	8	6	5	3
6	8	9	7	5	3	4	2	1
9	3	1	4	8	6	5	7	2
4	7	6	5	9	2	1	3	8
2	5	8	3	1	7	9	4	6

91

6	2	4	9	1	8	3	5	7
3	7	8	4	2	5	9	1	6
5	9	1	3	6	7	8	2	4
9	4	7	5	3	2	6	8	1
8	3	6	7	4	1	5	9	2
1	5	2	8	9	6	4	7	3
7	6	9	1	5	3	2	4	8
4	1	3	2	8	9	7	6	5
2	8	5	6	7	4	1	3	9

92

4	1	7	6	8	2	9	3	5
2	8	9	3	7	5	4	1	6
3	6	5	9	4	1	8	2	7
8	4	3	2	1	6	5	7	9
6	9	2	7	5	8	3	4	1
7	5	1	4	9	3	6	8	2
9	2	4	5	3	7	1	6	8
5	7	8	1	6	4	2	9	3
1	3	6	8	2	9	7	5	4

5	9	4	8	6	1	7	3	2
7	6	3	5	9	2	1	4	8
2	1	8	7	4	3	9	5	6
8	4	5	1	2	9	6	7	3
9	3	7	6	5	8	4	2	1
6	2	1	3	7	4	5	8	9
4	5	9	2	8	6	3	1	7
3	8	6	4	1	7	2	9	5
1	7	2	9	3	5	8	6	4

93

3	9	2	5	8	4	6	1	7
4	5	8	6	7	1	9	3	2
6	7	1	9	2	3	5	8	4
2	1	4	8	5	6	7	9	3
9	3	6	7	4	2	8	5	1
5	8	7	3	1	9	4	2	6
1	2	5	4	6	8	3	7	9
8	6	3	1	9	7	2	4	5
7	4	9	2	3	5	1	6	8

94

95

4	1	9	2	5	6	7	3	8
3	8	5	9	1	7	4	6	2
6	7	2	3	4	8	1	9	5
8	4	3	5	6	2	9	7	1
7	5	1	4	9	3	2	8	6
2	9	6	7	8	1	3	5	4
5	6	7	1	3	4	8	2	9
9	3	4	8	2	5	6	1	7
1	2	8	6	7	9	5	4	3

96

3	7	8	2	6	4	1	5	9
9	6	4	3	5	1	8	2	7
2	5	1	8	7	9	6	3	4
1	2	6	9	3	8	7	4	5
8	4	5	1	2	7	9	6	3
7	3	9	6	4	5	2	1	8
6	9	2	4	8	3	5	7	1
4	8	7	5	1	6	3	9	2
5	1	3	7	9	2	4	8	6

6	8	4	3	9	2	1	5	7
9	1	2	5	7	6	8	3	4
3	5	7	8	1	4	2	9	6
8	3	9	6	2	5	4	7	1
7	6	5	1	4	9	3	8	2
4	2	1	7	8	3	5	6	9
5	7	3	2	6	1	9	4	8
1	4	8	9	3	7	6	2	5
2	9	6	4	5	8	7	1	3

97

2	3	8	7	6	1	9	4	5
9	7	1	5	4	8	3	2	6
6	4	5	2	9	3	8	7	1
8	2	9	4	7	5	1	6	3
1	6	4	8	3	2	5	9	7
3	5	7	9	1	6	2	8	4
4	1	2	3	8	7	6	5	9
5	9	3	6	2	4	7	1	8
7	8	6	1	5	9	4	3	2

98

99

8	2	1	6	4	7	5	9	3
5	4	6	3	9	2	1	7	8
7	3	9	8	5	1	6	2	4
9	8	3	5	7	4	2	1	6
6	5	2	1	3	8	7	4	9
4	1	7	2	6	9	3	8	5
1	9	5	4	2	3	8	6	7
2	6	4	7	8	5	9	3	1
3	7	8	9	1	6	4	5	2

100

1	8	6	7	9	3	4	5	2
7	9	2	8	4	5	1	6	3
5	3	4	2	1	6	7	9	8
9	5	3	4	2	1	6	8	7
8	6	1	5	3	7	9	2	4
2	4	7	9	6	8	3	1	5
6	1	8	3	5	4	2	7	9
3	7	9	1	8	2	5	4	6
4	2	5	6	7	9	8	3	1

46342117R00061

Made in the USA
San Bernardino, CA
04 March 2017